前言

　　空气凤梨是凤梨科（Bromeliaceae）铁兰属（Tillandsia）植物，别名气生铁兰、空气草(Airplant)，是地球上唯一一类完全生活于空气中的植物，铁兰属植物原产美国南部和拉丁美洲，有550多种，大多分布在海拔1000~3000米阳光充足的地带，是一种耐旱喜光的植物，生命力很强。

　　我国近些年才开始关注空气凤梨，早些年台湾地区开始种植，后来在广州的花卉展览会上人们见到它的踪影后，才开始陆续在北京、上海、南京、杭州等地种植。通过几年的发展，空气凤梨单株植物以及空气凤梨生态工艺品逐渐得到了人们的喜爱。由于空气凤梨可观性强，花朵的颜色鲜艳而丰富，且生命力强，耐旱、耐光、耐风、耐热，栽种容易，甚至可以不要泥土和花盆，适合生活繁忙的现代人栽种。越来越多的人开始将空气凤梨作为室内观赏植物栽培，空气凤

梨的造景也随之流行。

　　由于空气凤梨是新兴观赏植物品种，目前的相关研究并不多，市面上仅有为数不多系统介绍空气凤梨的栽培手册。本书在编写过程中参阅了这些书籍，并查阅了很多同行和爱好者的研究资料，这里对我们这些同行和爱好者表示衷心的感谢。由于时间和精力有限，书中难免存在一些问题和不足，希望大家批评指正。

　　　　　　　　　　　　　　　　　　　　编　者

空气凤梨的栽培、养护及造景研究

张惠贻　尹金华　冯　叶　著

西北农林科技大学出版社

图书在版编目（CIP）数据

空气凤梨的栽培、养护及造景研究 / 张惠贻，尹金华，冯叶著 . —杨凌：西北农林科技大学出版社，2022.9

ISBN 978-7-5683-1144-1

Ⅰ . ①空… Ⅱ . ①张… ②尹… ③冯… Ⅲ . ①凤梨科—观赏园艺—研究 Ⅳ . ① S682.39

中国版本图书馆 CIP 数据核字（2022）第 174758 号

空气凤梨的栽培、养护及造景研究

张惠贻　尹金华　冯叶　著

出版发行	西北农林科技大学出版社
地　　址	陕西杨凌杨武路 3 号　　邮　编：712100
电　　话	总编室：029-87093195　　发行部：029-87093302
电子邮箱	press0809@163.com
印　　刷	西安浩轩印务有限公司
版　　次	2022 年 9 月第 1 版
印　　次	2024 年 6 月第 2 次印刷
开　　本	889mm×1 194mm　　1/32
印　　张	4.75
字　　数	120 千字

ISBN 978-7-5683-1144-1

定价：49.00 元

本书如有印装质量问题，请与本社联系

目录

1

第一章

空气凤梨
概述

第一节 空气凤梨基本研究

一、空气凤梨的基础研究

由于空气凤梨是近几年才引入我国的，而且主要是在进行商业运作，关于它的资料多是来自国外，国外关于空气凤梨的资料也不是很多，我们对于这种植物可以说是知之甚少，虽然资料中介绍有空气凤梨的养护管理，但是国外的气候特点与我国的气候特点有很大的不同，这种原产亚热带、热带的植物，是否适应我国的这种海洋性季风气候还有待研究。

所以，首先应该先做一些基础性的研究，了解其生物学特性，观察空气凤梨引种后在我国的适应情况，在栽培措施上，了解其生长繁殖的规律，理清我们所引入的种、品种，为以后的进一步研究打好基础。

（一）分布与习性

在植物王国中，有一种奇特而优美的花卉，它不需要栽种在泥土中，放在空气中就能正常生长，这种神奇的植物叫"空气凤梨"（兑宝峰），早在100多年前就有人栽培观赏了，但直到20世纪80年代才在国外广泛流行，我国则是近几年才开始引种的。空气凤梨品种繁多、形态各异，既能赏叶，又可观花，包括有绿叶、银灰叶、软叶及硬叶等不同的叶型，花色更十分丰富，花色分为白、黄、蓝和紫蓝各种组合，构成多彩多姿的美丽群族。而且具有装饰效果好、适应性强等特点，不用泥土即可生长茂盛，并能绽放出鲜艳的花朵，可粘在古树桩、假山石、墙壁上，放在竹篮里、贝壳上，可用铜丝、尼龙丝等固定在适当的木板、吊篮上，组成十分夺目的花艺展品。也可将其吊挂起来，点缀居室、客厅、阳台等处，时尚清新，富有大自然野趣，它同时也是送礼佳品。

空气凤梨的分布范围十分广泛，从北美洲美国东部维吉尼亚洲往南延伸，一直延伸到南美洲南部。其适应环境的能力从它的分布范围之广泛就可以看得出来。沼泽、热带雨林、雾林是空气凤梨的主要生长区，这些地区分布着空气凤梨的大部分种类，还有一些种类适应了干旱高热而在沙漠中定居，另有一些种类生活地点不固定，会根据自身特点来适应不同的环境，比如有些种类能够在树上、仙人掌上附生，有些则能够在岩石上、空中的电线上、电线杆上这样的条件下生活。只有少数原生种因为它们特殊的生长条件而局限地分布在单一区域。空气凤梨的大部分种类因自身的特性都生存在比较干燥的环境条件下，少数种类分布在百慕大海域内的一些小岛上。在海拔高度在100米到5000米之间的热带和亚热带的山地或雨林中都可以看到空气凤梨的踪迹。因为根部功能的退化，吸收水分和营养的方式很特别，它叶面上的银灰色茸毛状鳞片为其生长提供足够的水分和营养，凤梨植物一般要求环境温度最高不高于37℃，最低不低于50℃。

（二）形态特征

空气凤梨是多年生草本植物，属于凤梨科铁兰属，植株形状多样，有筒状、莲座状、辐射状或线状，不同种类的空气凤梨直径也大不相同，从不到10厘米到2米的种类都有。叶子簇生于基部，形状比较单一，一般为线状或条状。叶子颜色较为丰富，有黄、红、粉等色，许多种类的叶子上还生有不同的斑纹。叶子表面密布白色鳞片。空气凤梨的穗状或复穗状花序是从叶丛中心抽出，花的颜色多种，生长于密集的苞片之内，花期主要介于秋季到第二年春季。果实为蒴果，蒴果成熟后会纵向裂开，散出的种子带羽状冠毛。

（三）繁殖方式

空气凤梨的繁殖方式主要有3种：分株繁殖、播种繁殖和组织培养。

自然环境下生长的空气凤梨花期在秋季到第二年春季，在室内栽培的品种因为生长条件不同而花期不定，在环境适宜的情况下植株就会发育成熟。子株的出现是在花期中后期，出现的部位在母株的叶腋处或植株基部，子株主要靠母株来提供营养，子株长大至母株的1/3时便可将子株和母株分开，这个过程时间较长，一般需要6～8个月。一般人工管理下空气凤梨花期过后都可以分离出子株，但子株数量十分少，1个母株至多可分离1～2个子株。

空气凤梨果实为蒴果，果实成熟时纵向开裂，并散出带有羽状冠毛的种子。一般种子播种后1周即可发芽，但发芽后生长十分缓慢。自然状态下从萌发到长出2片真叶需3个月，长出3～4片真叶需半年时间，长至成苗需数年时间。播种繁殖的繁殖速度十分慢，不过繁殖系数很高。

理论上讲空气凤梨的幼芽、幼茎都可以作为外植体进行组织培养，不过现实中这些外植体经常因消毒方法不得当或消毒不彻底而形成污染或者死亡。不过空气凤梨茹果内的种子本身受外部污染程度很低，可以选成熟而未开裂的茹果进行消毒。茹果消毒后再将其剪开接种到合适的培养基中，1周即可萌发，萌发后的幼苗可以诱导其继续长大，也可诱导形成愈伤组织或丛生芽。一般情况下幼苗以每个月2片真叶的速度生长，生长速度比直接播种繁殖要快很多。

此外，从关于空气凤梨的这些资料来看，我们对丁种和品种分得还不是很清楚，中文名称也不是很规范，同一个拉丁名，不同的资料可能会有不同的中文名称，而且有时，同一个拉丁名所对应的植物也大相径庭，由此看来，我们对于空气凤梨的种、品种及分类还很混乱。

二、空气凤梨的深入研究

从经济价值的角度来研究，只是其中的一个方面，但也是不可缺少的一个方面，目前，空气凤梨主要是靠从中南美洲国家进口，耗费了大量的财力，所以，在空气凤梨完全适应我国的气候后，接下来就是繁殖了。空气凤梨的繁殖有2种方式，一种是种子繁殖，这种方式繁殖速度比较慢，从种子发芽开始到长成完整植株开花一般至少需要5~8年的时间；另一种是分株繁殖，空气凤梨的很多品种都可以通过这种方式繁殖，但是繁殖系数不高。所以，可以运用现代生物技术的方法，寻求一种更快、更高效的繁殖手段。

第二节　空气凤梨的价值认识

一、观赏价值

空气凤梨品种繁多、形态各异，既能赏叶，包括有绿叶、银灰叶、软叶及硬叶等不同的叶型，又可观花，花色十分丰富，苞片有红、粉红、紫红等色，花色分为白、黄、蓝和紫蓝各种组合，构成多彩多姿的美丽群族。而空气凤梨的这种无须泥土，生长在空气中的特性更增加了其观赏性，让人们在观赏它美丽的花朵与多姿的叶型的同时，也会惊叹大自然造物的神奇。它的这种独特的特性，增加了它的神秘感，使它从众多的植物中凸显出来。

二、研究价值

对于植物研究者来说，比较另类的植物在植物的发展演变史上一定占有某种重要的地位，对于它的研究将有助于我们研究植物的发展，理清植物发展脉络。

植物的发展和衍化同它的生活环境是密不可分的，植物在某一方面所表现出的与众不同，很可能预示着某些我们所未曾发现的信息，有待我们进一步地去研究和探索，科学研究是无止境的。

三、生态价值

所有的凤梨科植物都属于CAM类植物，都是夜间气孔开放，吸收CO_2。我们将凤梨类、景天类和巢蕨类植物的一些种送去检测，检测其呼吸速率、光合速率和气孔开度。经检测，凤梨类、景天类和巢蕨类植物属于CAM类植物，这些植物夜间气孔开放，吸收CO_2，可有效增加环境的氧气浓度。

空气凤梨是一种新型的净化空气植物，可有效地吸收空气中的苯和甲醛。经江苏省环境监测中心监测，空气凤梨对甲醛的降解率为97%，对苯的降解率为55%，对甲苯的降解率为59%。空气凤梨对于甲醛的降解率在所监测的所有植物中是最高的，所以空气凤梨作为新的净化空气植物，效果显而易见，并且是有科学依据的。

大自然是很神奇的，所有的生物或是非生物都有着千丝万缕的关联，每一种物种，都有着不可替代的生态地位，保护生物多样性，保护这些独特的植物类群，使其不至于灭绝，是具有深远意义的。

四、经济价值

目前市场上有一些空气凤梨的产品销售，由于这种植物的特殊性，无须栽种在泥土中，所以它的销售方式很灵活。

除直接出售植物外，还有与其他装饰材料结合起来或是加工而制成的产品，如无根植物的窗帘、无根植物的壁画、无根植物的贺卡、无根植物的台饰等，形式灵活多样，很多形式仍在尝试当中。

从经济学的角度讲，凡是有价值的东西都有经济价值。空气凤梨的经济价值主要体现在室内植物装饰这一块，室内植物装饰这方面虽然起步比较晚，但是它的发展还是比较快的，而空气凤梨又是用于室内装饰的植物之中比较新的一种，它的运用现在还是处于一个初步阶段，所以，空气凤梨的前景是光明的，当然道路也是曲折的，需要我们更多的人，付出更多的努力。

第三节　空气凤梨的发展

一、空气凤梨在我国的发展现状

空气凤梨类在原产地是处于野生状态，由于这类植物的抗逆性较强，所以对于这类植物的栽培所做的工作较少。就我们所了解到的情况，这种植物引起了很多人的兴趣，但是，多数人只是从商业的角度在关注和运作，真正关于此类植物所做的科学研究还很少。

我国最早引进这类植物是在台湾，早些年在海南和广州也见到过它的身影，最近一两年才在南京、上海、北京、杭州等地见到它的身影。

二、空气凤梨在我国的发展前景

空气凤梨在我国还未广为人知，近几年我国从国外陆续进口了几十个品种，其在各个花展、花博会上甫一露面，就立刻引起了人们的兴趣，人们对于这种无须泥土的所谓"无根植物"非常的喜爱，市场上也逐渐出现了它的身影，人们开始关注这种"神奇的植物"。

但是，由于空气凤梨是近几年才引入我国，而且主要是在进行商业运作，关于它的资料多是来自国外，国外关于空气凤梨的资料也不是很多，因此我们对于这种植物可以说是知之甚少。虽然资料中介绍有空气凤梨的养护管理，但是从网上消费者反馈的意见来看，这种原产亚热带、热带的植物，是否适应我国的这种海洋性季风气候还有待研究。

2

第二章

空气凤梨的
特征

大部分空气凤梨品种生长在干燥的环境中，小部分则喜潮湿环境。生长在雨林气候或其他湿气较重的、林荫地区的品种，其叶片具有宽阔、青绿的特征，花朵较大，但色彩较为单一。它们以附生的方式栖息于另一种植物或树干上，时间久了，还会逐渐长出根来，借以固定植株本身。可由种子或侧芽繁殖下一代。干燥地区的品种则有完全不同的外形，其植株较小，具针叶或硬叶，通常一整丛群聚而生，借以减少水分蒸发。它们依靠叶表面大量的鳞片吸收雨水、露水或雾气及养分，由于它们靠叶面吸取空气中的水分生存，其植株形态及结构产生了许多变化，包括贮水组织、复杂的鳞片、叶片数量减少、根部退化、体积缩小、种子数量增加。

第一节 空气凤梨的形态特征

　　空气凤梨无论大小、色泽、形态、花色、叶数等均变化多端，大小3厘米至3米不等，叶片颜色有绿、灰白、橙、紫红等，形态为玫瑰状、线状、章鱼状、海胆状、独生或聚生状等，花色有黄、绿、红、紫、白、紫红等，有些品种的花具有香味。

　　植株形态呈圆球状、莲座状、筒状式、线状、辐射状等。

圆球状

莲座状

线状

筒状式　　　　　　　　　辐射状

叶片有披针形、线形、直立形、弯曲形或者先端卷曲形等。

披针形

线形

弯曲形

先端卷曲形

　　叶色除绿色外，还有灰白、蓝灰等色，有些品种的叶片在阳光充足的条件下，叶色还会呈现美丽的红色。叶片表面密布白色鳞片，但植株中央没有"蓄水槽"。

红色

银白色　　　　　　　　　　　紫色

空气凤梨的花序、花苞及花期：

空气凤梨的复穗状花序

穗状或复穗状花序从叶丛中央抽出，花穗有生长密集且色彩艳丽的花苞片，小花生于苞片之内，有绿、紫、红、白、黄、蓝等颜色，花瓣3片，花期主要集中在8月至翌年4月。菊果成熟后自动裂开，散出带羽状冠毛的种子，随风飘荡，四处传播。

空气凤梨主要开花期在秋末至翌年早春（原产地）。不同品种的空气凤梨在不同季节开花，所有不同种类的空气凤梨都会开花，但花期不同，这完全受遗传基因的影响，与气候无关。

在花期后（有时在花期中），植株会长出子株，子株依附母株的主干吸收养分逐渐长大。群生的植株是由于母株跟多代子株联结而成，不会分离。

空气凤梨的单穗状花序

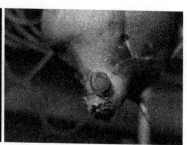
空气凤梨子株

空气凤梨的花色较为丰富，通常由两部分组成（苞片和花瓣），有的品种苞片和花瓣颜色较为一致，有的为两种颜色。

空气凤梨粉紫色花朵

空气凤梨紫黄色花朵

第二节 空气凤梨的生物特性

一、依靠叶面吸收水分和养分

在长期的进化过程中，空气凤梨已不再像绝大多数植物那样要靠根系吸收养分和水，而是依靠自身独特的叶面上的"保卫细胞"——密布的白色鳞片吸收空气中的养分和水分。它们的根部已经退化成木质纤维，只能起到一定的固定作用，失去了一般植物根的功能。所以松萝凤梨的根系可以完全暴露在外而不影响生长，有时甚至看不到它的根。所需要的水分和养分完全由叶面吸收，所以其植株形态亦随之发生特殊的变化，包括叶片上的贮水组织、叶片上密布鳞片、叶片数量减少、根部退化等。

无根的松萝凤梨

二、对空气环境要求高

空气凤梨对逆境的适应力极强，耐旱，可附生在树干、石壁甚至仙人掌上。但空气凤梨需要空气流通，千万不要把它放在缸里，否则会闷坏。空气凤梨在温暖湿润、阳光充足、空气流通处生长最好。

三、不同品种喜爱的环境不同

一般可依外观来分类：叶片较粗硬、叶色较银白的品种，可以适应较干燥且日照较强的环境；叶片较软、叶色略银白的品种，喜欢湿度高但阳光不过分强烈的环境；叶色较绿的品种，则喜欢湿度高且遮阴的环境。

适应干燥环境的银白色硬叶片品种

叶片较软、叶片略银白的品种　　　　　　　绿色叶片品种

　　大多数较高级的空气凤梨看上去呈灰白色，这是由于叶面密布鳞片所致，以反射光线、避免灼伤及预防水分蒸发。越是暴露于日光下的品种，其鳞片也越密集。

第三节 空气凤梨的生长条件

一、光照

空气凤梨对阳光的要求因品种而异，叶片较硬、呈灰色的需要充足的阳光或较强的散射光，而叶片为绿色的品种对光线要求不高，在半阴处或室内都能正常生长。空气凤梨在室内栽培应放在有明亮光照处，如果光照不足会导致植株徒长、瘦弱。

室内光照环境中的空气凤梨

二、温度

空气凤梨可在7～38℃的温度条件下正常生长，但不代表能忍受长期极点的温度。室温15～30℃为其最佳生长温度。如温度在32～38℃又持续晴天和极干热的情况下，需注意喷水。若天气炎热且连日阴雨，应注意通风，亦可用空调抽湿和降温。大部分空气凤梨在5℃以下停止生长，10℃以下注意减少浇水。华北地区冬天室内有暖气，空气十分干燥，需留意补充水分。江南及华南地区，冬天若在0℃以上，可以不用加温，但要在晴天温暖的日子浇水。在干燥环境下，可忍受0℃左右的低温。

温室中的空气凤梨　　　　　　野外环境中的空气凤梨

三、水分

空气凤梨大部分为附生型植物。此类植物对干旱有相当大的忍耐性，因形态及生理上有许多机制帮助其适应干旱逆境，使其可生存于干湿季明显的地区。附生型空气凤梨的叶面有贮水组织贮存水分，叶密布茸毛，帮助吸收水分和养分。贮水组织在叶片横切面的分布比例由0%～53%不等，缺水时，会先消耗此部分的水分。空气凤梨的叶肉细胞较一般细胞相比，有较

相对干旱环境中的空气凤梨

大的液泡和较少的叶绿体。水势和渗透压在缺水30天内无显著差异，平均分别为–0.40兆帕与–0.47兆帕，均很少低于—1.0兆帕。因而空气凤梨大部分品种对空气湿度的要求不高。

空气凤梨白天叶片背面的气孔关闭，到了晚上，待周围环境气温降低到适当温度后，气孔开启，吸收二氧化碳。具有这种特殊代谢途径（景天科酸代谢）的植物统称为CAM类植物。CAM类植物夜间吸收二氧化碳，能有效降低局部环境的二氧化碳浓度。因此，可利用这一特性营造居室绿色氧吧。

利用空气凤梨净化空气

3

第三章

空气凤梨的
栽培

第一节　空气凤梨的挑选及购买

　　初学者栽培空气凤梨，要选择容易上手的品种。最好先了解一下空气凤梨的相关特性，对栽培空间进行合理的评估，根据具体情况挑选合适的品种。

一、观察外观

　　整体外观。健康的植株，枝叶完整硬挺，没有外伤，植株姿态好。

　　没有缺水。避免选购缺水植株，可用手轻压植物基部，未缺水的植株，叶序合生处扎实，轻压会有弹性；缺水的植株，叶片会过度卷曲或发生皱折，触感疲软无弹性。

外形健康的植株

　　没有徒长。徒长的植株，多半叶片会变得细长，叶序不够致密，或出现叶色不够银白等症状。如无法判别，可在同一品种里多株比较，挑选叶序齐整，叶片数多，植株能有矮、肥、短、胖等特征者为佳。

二、闻气味

　　空气凤梨病虫害并不多见，但如因进口时处理不当或栽培不慎，植株的心部或叶序的基部因为积水或过于潮湿，而引发细菌性病害的感染，从而产生异味。发病初期外观并不易发现，可利用嗅觉闻一闻便能察觉。

三、检查根部

健康正常的空气凤梨基部，会呈现白色或米黄色收口；但如基部发黑，通常是感染了细菌性的病害，可闻一闻再确认一下。

根部病变

四、观察叶片

初学者以选购驯养过的植株为宜，正常的植株若非花期，应选购标准的叶色者为佳，如有不正常的变色，可能是因运输过程、环境骤变，或因催花不当，造成植株不正常变色，这样的植株未来多半会植株过小就开花，或不正常产生太多侧芽，致使株势衰弱，而不易养成。

五、选择品种

目前，国内对于空气凤梨的栽培知识及资讯还不全面，选购时应要求店家给予正确的学名及标示牌，有助于大家使用网络查询其生长的栖息地，或是获得其他国家对于该品种的栽培建议，从而作为参考依据。

第二节 空气凤梨栽培的介质与工具

栽培空气凤梨的最大好处就是不必使用介质，可以用悬挂的方式来进行栽培。但如习惯将植株"种植"在一个容器内的话，那么栽培空气凤梨使用的介质，无论是有机还是无机介质，均以透气性及排水性高的介质为佳。

一、有机介质

1. 椰块

经由椰子壳切块制成，质轻价格合理、材料便宜。但使用前必须先充分浸水，去除椰块内可能含有的盐分，经浸水处理后的椰块，能恢复原有体积。

椰壳块

椰块除透气之外，保水及保湿性也佳，空气凤梨栽在椰块内，在盆钵的小环境中能保持根部的湿度，或提高盆器内的湿度，有利于空气凤梨根系的发展。但耐用性不如树皮持久，且椰块较易腐败，在分解时，菌类大量生长还会与植物竞争养分。

2. 树皮

由美国温带树种的树皮切成小块后再干燥制成。纤维多而强韧，常用于气生兰花，如蝴蝶兰、万代兰、石斛兰等的栽培上。

树皮除具有良好的透气性、排水性之外，还兼具保水性，可以在盆钵的空间内提供适当湿度以利根部生长及着生，为盆植空气凤梨常用的介质之一。

树皮

3. 竹炭、木炭

木炭及竹炭共同的特色就是，具有超强吸附能力，能吸附对根系不良的有害物质，并有抑菌及除臭的功能，可降低病源菌的感染。与栽种气生兰一样，可以单独使用，或与椰块、树皮等介质混合使用。

木炭

4．水苔

使用量不多，常在板植或附植时，用水苔作缓冲的材料，在根系生长前，能提供湿润环境，以利根系的固着。

水苔

二、无机介质

盆植空气凤梨需要用到发泡炼石、石砾（小碎石）、轻石（浮石）及砖块碎屑、破瓦盆等，因为石砾、碎石类材料具有一定的重量，可固定盆子使其不易被风吹倒，同时还有排水及透气性，也便于植株根部的固定及附着。

发泡炼石

石砾

轻石

三、栽培工具

1. 盆器的选择

应选透气性良好的瓦盆或陶盆，这类花盆具有重量，可使空气凤梨有一个可以固着的位置，较塑料盆为宜。

瓦盆

2. 铝线与尖嘴钳

空气凤梨对于铜敏感，铜离子会影响空气凤梨的生长，因此悬挂栽培时避免使用铜线，以铝线为佳。尖嘴钳，除了方便剪取铝线外，还可以用于在铝线造型上的使用。

铝线与尖嘴钳

3. 钻孔机

执行附植时，需要用到钻孔机或手动式钻子，三木板、树皮或是枯木、流木上，制造可以穿过的小孔，再利用铝线穿过固定植株。

初植空气凤梨的朋友，一定要将每株空气凤梨标上名称，这样有利于品种的辨认及观察。标示牌可使用油性签字笔或铅笔做标记，并在标示牌后粘上胶带，可以保持得更久。

钻孔机

第三节　空气凤梨栽培的管理要点

一、光照管理

购入的新植株尚未适应自家环境时，要避免直晒的阳光，放置在光线明亮处，如南向、西向或东向的窗边、阳台，或放置在遮光30%～50%的黑网环境（但仍视品种而定）中；若是不够明亮，还可以使用人工光源，每日照射8～10小时。

二、水分管理

晚上浇水比较好，如果没有办法晚上浇水，每日上午10点以前浇水也可以。请谨记"天冷时少浇水，下雨天不浇水"的给水原则。

1. 定期喷雾

空气凤梨虽然耐旱，但置于定期给予喷雾的环境，如每周喷雾2～4次，增加环境的湿度，更有益于空气凤梨的生长。

室外环境中的空气凤梨

室外栽培时，如不架设遮阴网，也可以将空气凤梨吊在树下或是大型乔木盆栽下方，以免强烈的日光烧伤叶片。

2. 营造湿度

在花园里栽上几株积水凤梨、山苏花等贮水植物，可营造出更合适空气凤梨的微环境。或是在花园里放置水钵或水缸，直接提高环境湿度；设置石组、空心砖，出门前把石组或空心砖打湿，都可以让环境的湿度增高。

3. 薄叶型需直接淋洗

栽植薄叶型的品种，对水分的需求更高，在南美洲的雨林里，可想见的是常会有雨、露水及浓雾的滋润。建议每周两三次直接淋洗空气凤梨，到叶片充分淋湿为佳，栽植在室外环境者，每周可淋洗三四次。

淋洗，或用定期泡水30分钟的方式，让空气凤梨能吸足水分。

用水淋洗

三、温度管理

在热带、亚热带平地栽培空气凤梨时，并没有温度过低（低于0℃）的问题，但夏季常有35℃以上的高温，需要多加注意，如伴随高湿、栽植于不通风环境，易引发细菌性病害。可适时遮阴或放置于通风处，加设通风扇，于夜间开启以降低夜温，帮助空气凤梨越过酷暑的考验。

四、通风管理

如果空气凤梨栽培环境中有生长不错的兰花和蕨类，还能顺利开花，那么环境就很适合栽培空气凤梨。所谓通风的判定，最好能时时有微风吹拂的状态为佳，或在浇水4～56小时内，叶片能干燥的环境即可。另外，居家栽培时要避免植株被空调排出的热风吹到，以免妨碍生长。

通风环境

五、施肥管理

对于空气凤梨的施肥要科学控制，不恰当的施肥方式和施肥时机会对其生长和存活产生不利的影响。我们建议先让新植的空气凤梨适应居家环境，再于合宜的生长季节施肥。一般花草建议使用的肥料浓度稀释1000倍，对于空气凤梨来说浓度仍然太高，应稀释到4000～5000倍为宜。

1.春夏、秋冬交替之际施肥

有了一些栽植的经验，经过适应后的植株，建议可以在春、夏季之间及秋、冬之际适度施肥，适度施肥将有助于空气凤梨的生长、开花及植株强健。只要母株养得够健壮，未来可以产生更多的侧芽。但切记空气凤梨对于尿素或含有铜、硼、锌等成分的肥料非常敏感，尤其是铜离子，会造成空气凤梨的死亡。

2.夜间施肥较有效

建议入夜后再施肥，因为可配合空气凤梨气孔于夜间张开的生理规律，此时施肥才有效。如担心施得太过量，可以先充分浇水后再行施肥。

3.少量多施、宁可稀薄不要过肥

把肥料稀释的比例增大，如稀释到4000～5000倍，再把稀释的肥料水当成正常的水，以浇水方式用于空气凤梨。施肥的频率为2～3次浇水后施肥1次，这样可提供生长期空气凤梨充足的肥料。

六、栽培管理

空气凤梨本身就是一种焦点型的植物，附植、盆植皆宜；辅以流木、枯木也好；将它们安置在礁岩或贝壳上都别有情趣。立体化的栽培，比起一盆一盆的栽种，可以提供较通风的环境，也能让小空间有层次的美感。

立体栽培的空气凤梨

第四节 空气凤梨栽培的常见病害及处理

一、常见病虫害

（一）病害

空气凤梨的病虫害不多，只要能给予明亮通风的环境，多半不易发现病虫害，唯有栽于不适当的环境中（高温、高湿、不通风），空气凤梨才会因为体弱而导致病害。常见应为闷热不通风而发生的细菌性病害，以软腐病及心腐病为主。

1. 心腐病

感染凤梨的心部，病菌直接伤害茎顶及嫩叶的部分，常见染病株初期，心部会有异常变色，或心部抽长的现象（非花期）。受感染后植株心部会变成乳白色、软腐的组织，心部（叶）易被拔起，最后植株会因为无心而死亡。心部叶片有不正常的变色，即为心腐病的病征。

心腐病

2. 软腐病

基部感染后开始腐烂，染病的植株，在基部产生褐黑色的组织，继而发展成黑色的软腐状病征。好发于体弱、尚未驯化的新株；在老株则多半是因为下半部宿存的枯叶过多，未拔除老叶再加上潮湿的季节而容易发生。发现软腐病后，应立即剥除患病部位的叶片，或切除已经褐变的组织后保持干燥；只要心部尚未腐烂分解，都还有机会拯救。

软腐病

这两种病害会伴随着臭味的发生，如初期发现，只要切除患部及保持干燥及通风，配合使用杀菌剂，可让染病的植株回春；但若太晚发现，多半已来不及抢救。

（二）虫害

空气凤梨的害虫不多，只要生长健壮，对于虫害的抵抗性也很高。栽种环境不良、植株较弱或有徒长的植株，易诱发虫害。常见的虫害如下：

1. 蝗虫

栽种户外的空气凤梨，较易发生蝗虫危害。蝗虫喜爱啃食空气凤梨的叶片，严重时叶片的末端至叶片1/2处都会被啃光。可用网室架设防虫网来减少蝗虫的危害。

2. 蚂蚁

居家栽培则要慎防蚂蚁，蚂蚁常是介壳虫及蝇虫的放牧者，会将搬来的蝇虫及介壳虫移置到空气凤梨嫩叶、心部、叶背及叶片较致密不通风处。一经发现如数量不多，可以直接用手移除，或以软毛刷轻刷的方式，移除蝇虫及介壳虫。

介壳虫的产生往往是因为通风不良，空气潮湿等因素造成的。幼虫主要栖息在叶片背面，吸食植物的体液，同时还会对受害植株注射消化液，使受害植株伤口不容易愈合。此类害虫会分泌含高糖分的排泄物，会吸引蚂蚁，很容易引起二次感染即煤烟病。虫子较少时可以使用棉球蘸醋或者酒精擦拭，或者直接将植株泡在水里。多的话，可以使用专杀药物。

如栽种的数量较多时，可以适度使用杀虫剂来减少介壳虫的危害。而蚂蚁的移除，则是一场长期的战争，只能在好发的季节，使用市售的饵剂定期诱杀；或是定期以全株浸水的方式来减少蚁类的入侵。

定期除叶，避免枯叶保留过多，枯叶一旦过多，或是丛生状的植株中出现枯萎的残株，都有可能引来蚁类筑巢及某些鳞翅目昆虫的进驻，啃食空气凤梨的基部。

3. 蜗牛和蛞蝓

此类害虫很容易发现，由于爬过的地方会呈现明亮、透明的黏液，很容易辨认。此类害虫用其舔吸式口器，对植株尤其是新生嫩叶造成危害。但家庭养殖中较少出现，一旦出现，要有几只灭几只。

4. 红蜘蛛

红蜘蛛是一个坏东西，它主要栖息在空气凤梨的叶片上，吸收植株的水分，造成其脱水干瘪。通常在高温干旱的时间出现。叶片上的红蜘蛛不难发现，一旦发现可以用清水冲掉。另外在平时适当增加湿度，可以避免红蜘蛛的出现。

5.老鼠及蟑螂

居家种植还会出现老鼠及蟑螂，会啃食空气凤梨。蟑螂啃食的现象常发现在心部，食痕较小，但老鼠则会全株都会啃食，发现时多半已损伤惨重。除了定期放置杀蟑药及老鼠药预防外，还应保持园子清洁，可减少害虫造访。

二、常发生理障碍

（一）徒长

1.发生原因

徒长是栽培空气凤梨最常见的一种生理性问题，多半因栽培在光线不足的环境下而发生。

正常植株（左）与徒长植株（右）对比

2.外观表征

节间距离拉长，植株会变高，但发育却不充实，植株的叶片变长、软弱且变窄，长久下来株势变弱。

3. 改善方式

将空气凤梨移到更明亮的环境中摆放，增加光照后，可改善徒长状态。

（二）晒伤

晒伤植株

1. 发生原因

常见于刚购入或是换过摆放位置的空气凤梨。在盛夏时节，放置在日照过强的环境下，也容易发生叶片晒伤的状况。

2. 外观表征

轻微的晒伤，叶片会泛黄或出现枯萎的现象，严重时，会出现片状的褐色斑，甚至是黑色的斑块。

3. 改善方式

移置遮阴处，或于夏季来临前加挂遮阴30%～50%的黑网，改善因为日光过强所引发的晒伤。

（三）脱水

1. 发生原因

空气凤梨在栽培的过程中要合理控制水分，如果水分供应不足会发生脱水现象。

脱水植株

2. 外观表征

发生缺水时，硬叶系的空气凤梨叶片上会出现皱纹，软叶系的叶片会向内缩或卷曲。植株重量也变轻或是体色黯淡，严重时全株会因为缺水而死亡。

3. 改善方式

当叶片基部出现缺水的征兆，并伴随湿度不足而产生叶片末端焦枯的现象时，除给水之外，还需提高空气湿度，避免叶片持续焦枯。可直接将空气凤梨泡水2～3小时，让植株充分吸足水分后取出即可。

（四）积水

浇水或泡水后，部分心叶或叶腋间的积水，应在4小时内能够干燥为佳。如常态性地让空气凤梨心部积水，很容易引发病害的感染。

每一种空气凤梨对于心部积水的忍耐程度不同，虽然有些品种叶腋部位积水并不会对其生长产生影响，但这并不意味着所有品种的植株都不受叶腋积水的影响，因为不同的品种对积水的耐受程度不同。

发生过积水的空气凤梨

（五）积尘

1. 发生原因

落尘量大的季节，或是栽种于周边交通繁忙的环境，由于空气凤梨叶片上的毛状构造，特别容易留滞尘垢。

2. 外观表征

由于气孔阻塞并妨碍正常的光合作用，叶片外观色黑、黯淡无光。如未及时清理，叶片会逐渐枯萎，变成下位叶，再由新生的叶片更新，造成心部叶片较为雪白，下位叶色黑，用手触摸会有黑色灰尘，日积月累，植株便生长不佳。

3. 改善方式

落尘量大的季节，可增加泡水的次数，利用浸泡的方式，除去叶片上的灰尘。

积尘的空气凤梨

（六）外伤

植株如因风吹造成挤压掉落而发生断裂，或是动物及昆虫的咬伤、分株而发生外伤，都应避免浇水，将植株放置于通风处待伤口愈合。严重时可在伤口上涂抹杀菌剂，以防止细菌感染，等伤口干燥后，再重新吊挂或重新种植。

4

第四章

空气凤梨的
繁殖和选育

第一节　空气凤梨的繁殖

空气凤梨生长到一定时候便会产生侧芽（通常在开花后）。一般来说侧芽都长在母株的基底部，长茎型品种的侧芽常长在茎上，少部分品种非常奇特，如 *T. intermedia*（花中花）、*T. flexuosa vivipara*（木柄旋风），这些品种的侧芽可长在花梗上，称为花梗芽。

根据品种的不同，空气凤梨一生可长出1个或者多个侧芽。由于空气凤梨播种繁殖的时间非常漫长，短则数年，长则数十年，侧芽繁殖成了空气凤梨家庭栽培中最主要的繁殖方式。空气凤梨长出侧芽后，我们可以选择让侧芽继续留在母株上生长，从而形成群生。亦可以将侧芽从母株上分下，单独进行栽培。

一、空气凤梨分株方法

（1）选择需要分株的空气凤梨。建议选择侧芽约为母株大小的1/3以上的植株，分株后侧芽较易成活。

（2）找到侧芽与母株的连接处。若操作困难，可去除母株部分叶片。

（3）手指按住侧芽基底部，轻轻掰下即完成分株。

健壮的侧芽　　　　　　　　　　分离后的侧芽

二、使用器械对大型侧芽和高位侧芽进行分株

通常我们可以徒手操作完成分株，但遇到部分大型侧芽、高位侧芽等分株较难的情况，可以使用器械（如刀片）进行辅助，这样分株的成功率更高。

（一）大型侧芽

（1）选择需要分株的空气凤梨。尝试徒手掰下侧芽时，发现侧芽与母株间有大量坚韧的维管束相连，无法顺利分离。

（2）使用刀片小心地切断维管束后，轻轻掰下侧芽，完成分株。

与母体紧密相连的侧芽

（二）高位侧芽

（1）选择需要分株的空气凤梨，发现侧芽基底部被母株叶片完全遮盖。

（2）用刀剖开侧芽外层母株的叶片，彻底显露侧芽基底部。

（3）沿侧芽基底部切下，完成分株。

高位侧芽

（三）注意事项

需要注意的是，无论选择徒手还是器械分株的方法，都必须保证侧芽基底部的完整。否则将无法维持侧芽植株的完整性，侧芽叶片散开，分株失败。

分株后不要马上浇水，待母株及侧芽的伤口彻底干燥后才能进行正常的养护。一般来说，分株后的母株还会继续产生侧芽。此外，在母株开花前剪去花序，可让母株产生更多数量的侧芽。

完整的侧芽底部

第二节　空气凤梨的杂交育种

当积累了一定空气凤梨栽培经验的时候，就可以尝试进行空气凤梨的杂交育种。空气凤梨可通过自花授粉和异花授粉获得种子。自花授粉的操作比较简单，只需将同一株空气凤梨雄蕊的花粉沾到雌蕊上即可完成。若授粉成功，空气凤梨会结出种荚，种荚成熟裂开后获得种子。

一、杂交的特点

不同品种的空气凤梨之间进行杂交培育，我们需要明确一些基本特点：

（1）原生种和原生种之间的杂交比原生种与杂交种之间的杂交成功率高；原生种跟杂交种之间的杂交比杂交种与杂交种之间的杂交成功率高。

（2）花型相同的品种之间的杂交比花型不同品种之间的杂交成功率高；花序形态相同的品种之间的杂交比花序形态不同的品种之间的杂交成功率高。

（3）开花后越早进行杂交比开花后越迟杂交成功率高。

（4）怕冷的品种作母本与耐冻的品种杂交产生的新品种大部分不怕冷；相反，耐冻的品种作母本与怕冷的品种杂交产生的新品种大部分比较怕冷。

（5）怕热的品种作母本与耐热的品种杂交产生的新品种大部分不怕热；相反，耐热的品种作母本与怕热的品种杂交产生的新品种大部分不耐热。

（6）怕冷的品种之间的杂交或怕热的品种之间杂交，产生的新品种大部分保持原来的性状。

（7）杂交产生的新品种大概率遗传父本的形态、母本的质感及与母本相似的花型（部分品种除外，例如"精灵""章鱼"和"树猴"等）。

二、空气凤梨品种杂交的步骤

（1）准备杂交品种的亲本，父本为花粉方，提供授粉所需要的花粉，母本为被授粉方。在空气凤梨的杂交繁育过程中，在准备进行授粉之前，母本植株最好在开花前一天放到相对封闭的环境中，避免蜜蜂、蝴蝶等提前帮你完成授粉的工作。

左侧为父本，右侧为母本

（2）授粉前先用镊子把母本未成熟的雄蕊都拔去，然后检查母本的雌蕊上面有没有粘上自己的花粉，防止母本没杂交前已经自花授粉。确保没有粘上花粉后，把母本的雌蕊放到父本的雄蕊上面，轻轻进行互相摩擦。直到母本雌蕊柱头都均匀粘上父本雄蕊的花粉为止。

（3）在预先准备好的标签上（推荐用吊挂型标签）写上父本及母本的名字和日期，把标签吊挂在母本的花键或植物上面以防杂交成功以后忘记父本名字。

（4）父母本授粉配对成功后，大部分品种通常在2~6个月内可以看到种荚，这表明杂交已经迈出成功的第一步。

（5）空气凤梨长出的种荚大概需要经过3~30个月左右才能成熟（视品种而定），成熟种荚颜色会慢慢转为褐色，接着就会开裂。这说明种子已经成熟，到这个阶段，空气凤梨杂交又向成功迈进了一步。

（6）收集成熟的空气凤梨种子，做好记录，便可进行杂交育种的最后一个环节——播种。

第三节 空气凤梨的播种及育苗

一、影响播种育苗成功率的因素

利用空气凤梨的播种盒育苗是整个空气凤梨杂交育种中最重要、也是难度最大的一环。新鲜的空气凤梨种子可以保存1年左右，因为种子保存时间越长发芽率越低，所以建议空气凤梨种子采收后要尽快进行播种育苗。

空气湿度是影响空气凤梨播种育苗成功率的一个重要因素。我国南北气候相差甚大，空气湿度更是如此。不同地区采用的播种基质不能千篇一律，要根据各地气候湿度的不同，自行调整和把握。南方湿度高，建议用塑料、不锈钢网纱和蛇木板等防霉、通风透气好的材料作基质。北方湿度低，建议用水苔、纱布和椰棕等保湿性强的基质进行播种育苗。

在气候炎热、空气湿度大的珠三角地区，我们设计了一种小型空气凤梨育种箱。

二、空气凤梨家庭播种育苗过程

空气凤梨家庭播种的过程包括以下6个步骤。

（一）播种

先把空气凤梨种子尽可能均匀地分散在基质上，接着用喷壶把种子全部喷至湿透，这样种子就能利用冠毛黏附在基质上面。

（二）贴标签

用标签把种子的品种名称（杂交品种写上父母本名字）附在所播种子旁边。

（三）光照与水分

把种苗放置在光照柔和的地方，光照太强种苗和基质上容易有绿藻附着，影响种苗光合作用，导致种苗虚弱而死。同时尽量把温度保持在15～28℃之间，温差不宜过大。

空气凤梨种苗和空气凤梨成体对水分的需求是不相同的，小苗对水分需求比成体要高很多。空气凤梨种子天生的冠毛结构是有黏附和保湿的作用，直到种苗长大对水分要求不多时，冠毛才会自动脱去。因此，空气凤梨种苗在生长初期必须保持湿润不能干透，否则种苗会有干死或者僵苗的危险，导致播种育苗的失败。

（四）发芽

配对成功的空气凤梨种子大概在播种的3～10天内（视品种而定）就会发芽，另外有些品种杂交后虽然能出种荚也有种子，但却不能发芽，这样代表杂交配对失败了。

（五）保湿

种子发芽后要保持湿润，小苗才能得以正常生长。种苗在初期生长非常缓慢，也会因为各种因素，如温度、湿度、通风等环境变化的影响而造成种苗死亡，这是空气凤梨家庭育种的正常现象。

控制好湿度是保持种苗高成活率的关键。尽量让种苗生长环境保持稳定，这需要不断提高个人管理技术来实现。另外，空气凤梨种苗非常脆弱，禁止对发芽1年内的种苗进行随意移动，2年内不得喷洒任何化学物质和肥料，否则会导致种苗的大批死亡。

（六）疏苗和移苗

空气凤梨小苗一般经过2年生长期后基本稳定，可以进行疏苗、移苗。移苗后的空气凤梨小苗可以每周用浓度5000倍左右的花宝4号施肥1次，喷水次数也减少到每天1次。

大部分空气凤梨小苗经历3年生长周期后将会迎来一个快速生长时期，这时的空气凤梨小苗也可以按照成体的方式进行管理，到这里基本可以宣告杂交育种成功。

5

第五章

空气凤梨
装饰造景

第一节　空气凤梨装饰造景的准备

以空气凤梨等为基本素材，采用粘贴、嫁接、雕塑或其他造型工艺手段在天然或人工壁面上进行装饰，其装饰和美化功能使它成为环境艺术的一个重要组成部分。

空气凤梨家族包含很多不同尺寸、株型各异的品种，可用黏合剂将选好的空气凤梨品种固定在准备好的装饰物上，无须使用盆土或介质。

一、准备材料

DIY空气凤梨花器不仅可以消磨时间、缓解压力，更能让您充分发挥动手能力和想象力，我们先介绍常用的造景工具。

钳子。各种钳子是DIY的必备工具，拧、缠铝线等操作都会使用到这些工具。

铝线。铝线广泛应用于空气凤梨种植，以及花器、工艺品的制作中。铝线柔软不伤手，易折、易弯曲、易成形，另外铝线不像铜线等会对空气凤梨植株造成伤害。

胶水。美国E-6000工业万能胶是一种采用特殊配方制造的合成橡胶类的黏合剂，不仅能提供极好的黏接强度，而且具有伸缩性，能够应用于空气凤梨造景。它可以高强度地黏接金属、玻璃、橡胶、塑料、植物等材料，广泛用于设备维护、手工艺以及装饰品加工等方面。使用时，将少量胶挤在装饰物指定的位置上，然后插上空气凤梨植物，短时间内可将植物固定住，使用起来十分方便。熔黏合剂即热熔胶，为热塑性聚合物，具有黏合迅速、黏接牢固、应用安全无毒等特点。

胶枪。在使用前先预热3~5分钟，将枪嘴对准空气凤梨植物与装饰物的连接点打胶，5分钟后即可将植物粘牢，热熔胶的温度不会伤害植物。

电烙铁。用于木制品钻孔的工具。使用时只需插电几分钟，发热后在需要钻孔的木头上钻孔即可。电钻等工具也可达到同样效果，但操作起来没有这么简便。

标签。用于标注空气凤梨品种的防水标签。不少空气凤梨品种外形相似，种植数量多时容易发生混淆，最好对不同品种进行标注。

二、规划过程

第一步：准备好空气凤梨植物、装饰物、黏合剂。

第二步：根据设计需求将黏合剂涂在被装饰物体的指定位置。

第三步：将空气凤梨植物固定在黏合剂上，完成植物与被装饰物的黏合。

第二节　空气凤梨装饰造景的基本原则

一、陈设手法的美学原则

室内空间中的植物造景需与整个空间搭配协调、中心突出、比例和谐、色彩统一。以空气凤梨为例，颜色较艳丽的、开花时间较长的适合摆放在较低矮的位置，便于欣赏其优美的姿态；形态较为直立的，或是叶片较长的则宜摆放在高度较高的地方，使得整个空间富有层次感与节奏感。较大的空间适合摆放植株较为饱满的；较小空间或茶几床头适合摆放植株较为矮小的。空间环境背景色以浅色调为主时，配以颜色较深的空气凤梨品种，如美杜莎、福果精灵、三色铁兰等来调整空间；空间色调较深时则宜搭配鲜艳明快的浅色调品种，如狐狸尾巴、贝克利等。

二、设计应用的心理学原则

设计心理学首次出现在大众视野源于美国认知心理学家唐纳德·A.诺曼的著作The Design of Everyday Things，此书的核心理念是以人为本的设计哲学，在设计的过程中融入认知心理学和行为学等多种心理类学科，唐纳德对于产品设计方面出现的问题带给用户的困扰进行了深刻的剖析和反思，并致力于利用心理学的知识从消费者心理层面解决这些问题，帮助设计师挖掘和发现产品设计方面的缺点并探寻解决之道，让产品更加被大众认可和接受。

空气凤梨在应用空间中的微景观造景植物应满足主人的内心需要，不同色彩的空间会给人不同的心理感受，空气凤梨在不同色彩的空间中也应做出适当的调整，如在卫生间、厨房等活动时间较短的空间可以配置暖色调或色彩较鲜艳的品种以活跃整个空间的气氛，在客厅、书房等活动时间较长的空间则宜配置颜色清淡的品种。

三、科学养护的生态原则

植物作为装饰点缀要符合室内空间对植物的要求，如清洁度、打理程序、是否利于对空间的使用等，而室内空间的环境也要满足植物的生长条件，比如温度、湿度、光照等。

空气凤梨品种多样，每一种空气凤梨都有自己对生存环境的特殊要求，叶片较硬、颜色呈灰色的品种大多需要充足的阳光，而叶片呈绿色的品种在半阴处也可以继续生长。在针对室内环境中某一区域的品种选择上要选择符合植物正常生长的环境，使其对号入座，如向阳的阳台上宜种植耐强光的品种，如阿朱伊、白银绒等品种，而背光潮湿的卫生间内则适宜种植贝吉等品种。

第三节　空气凤梨景观造型的主要方式

空气凤梨景观造型的方式有很多，这里我们从其具体的应用方式入手进行分析介绍。

一、仿真画框生态壁画

木、竹、藤质材料有天然的、独特的质地与构造，其纹理、年轮和色泽等能够给人们一种回归自然、返璞归真的感觉，画面用手工工艺原木画框或现代工艺的制作，加上各种材料的质感、性能，能达到其他绘画手段所不能达到的特殊艺术效果。

仿真画框壁画

二、空气凤梨植物的台饰

空气凤梨植物台饰的出现，改变了台面装饰只是以电脑、台灯、笔筒为点缀的单调局面，给人们带来了新奇的视觉感受，使室内充满了温馨、生动、绿色与时尚的气息。

空气凤梨植物台饰

三、空气凤梨植物窗帘及挂饰

在较大的空间内，结合室内装饰、装潢，在窗台、天花板、灯具、楼梯扶手等家具上吊放有一定体量的空气凤梨植物，可改善室内人工建筑的生硬线条所带来的枯燥单调感，营造生动活泼的空间立体美感，且"占天不占地"，可充分利空间，取得意外的装饰效果。

（一）空气凤梨的植物窗帘

松萝空气凤梨的茎、叶，全株灰绿色，在适生地可达3米，具有很多分枝。叶片上有用来吸收空气中的水分和养分的鳞片，所以松萝凤梨又有"空气草"之称，不要花盆，懒人管理，只需少量喷水，便可生长，是悬垂吊挂式绿化装饰的最好植物材料。

用松萝空气凤梨编织成窗帘，附在窗纱上，作为外窗帘。既是绿化居室的一道风景线，又能吸收有害物质、夜间降低室内二氧化碳浓度。

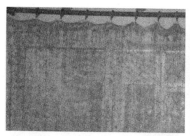

空气凤梨窗帘

（二）空气凤梨植物屏风

办公室、大厅和餐厅等室内某些区域需要分割时，可采用空气凤梨植物屏风，或带某种条形或图案花纹的栅栏再附以空气凤梨植物，以使室内空间分割合理、协调，并且美观、实用。

用栅栏当作墙进行空间间隔，在墙上挂上一些空气凤梨植物也是很好的装饰。植物天然的形态就是一幅美丽的画面，而且这幅画还是有生命的，它每天都在不断变化，不时带给人们惊喜。集实用和观赏性于一身，使人们每时每刻都能感受到大自然的神奇魅力。

空气凤梨屏风

（三）空气凤梨植物的挂饰

随着"绿色家居"观念的兴起，人们在家居装饰上逐渐将自然景观引入室内，从而可以在生活和工作中与大自然亲密接触。对室内立体空间的美化绿化装饰，已开始受到人们的重视。

垂挂式造景

1. 垂挂式

近两年由于室内植物新品种的应用，以及室内装饰要求的提高，传统的壁挂式绿化方式已发生很大变化。有生命的植物垂挂等绿艺制品开始进入室内绿色装饰，美化和净化室内空间。

松萝空气凤梨生命力极强，耐干、耐光、耐风、耐热，而且形态奇异，所以常常被人们用作观赏植物来装饰居室，可垂挂在灯具、镜面、冰箱上。

垂挂式造景

2.挂壁式

空气凤梨植物挂壁式饰品应考虑以摆设为主、养植为辅的原则，因此要讲究造型。远择好合适、喜欢的物件，如藤蔓、干枝、贝壳、树节、陶器等。空气凤梨包含很多不同尺寸、不同株型的品种，可用黏合剂进行固定，不需要用盆土或介质。

四、空气凤梨花球

空气凤梨的单株生长2~3年后，就进入了开花期。有些品种既能赏花（繁花型）又能观叶，这些品种的母株当年开花后，植株萎缩并产生子株，子株隔年开花，并再产生子株，最后形成丛生的空气凤梨球。适合形成空气凤梨花球的品种有斯垂科特、贝吉、蓝细叶铁兰、危地马拉小精灵、贝吉杂交、蒙大拿等。

空气凤梨花团

空气凤梨花球分为2种类型，即自然形成型和人工制作型。

（一）自然形成型

将花球形丛生空气凤梨品种2~3丛用扎丝连接成团，并吊挂在温室或大棚的空中，由于空气凤梨具有向光性生长和子株生长快的特性，2~3年后可形成花球。

自然形成的花球

（二）人工制作型

将当年开花的空气凤梨单株插在藤球上的一种花球制作方法，用这种方法当年便可形成空气凤梨花球。

人工制作的花球

可以选用不同规格的藤球，将当年能开花的空气凤梨单株或带花苞的植株插在藤球的藤孔中，吊挂在温室或大棚的空中形成花球。

第四节　空气凤梨造景欣赏

空气凤梨植物生态装饰就是将过去人们在室内随意摆放的空气凤梨植物变为更加自然生态、艺术化。空气凤梨在生态装饰中的配置和栽培，实际上是一种艺术和技术的融合。

一、空气凤梨盆景欣赏

二、空气凤梨框景欣赏

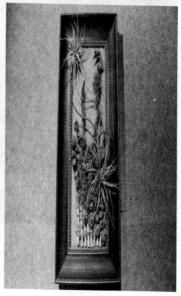

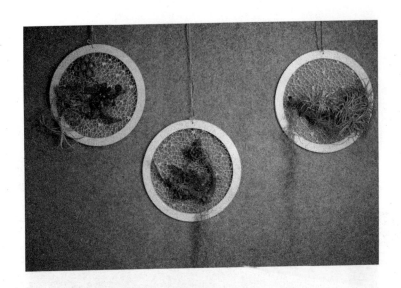

三、空气凤梨摆件欣赏

四、空气凤梨实景装饰欣赏

6

第六章

空气凤梨
品种介绍

紫罗兰（*Tillandsia aeranthos*）

植株形态

分布于巴西南部、乌拉圭、巴拉圭、厄瓜多尔及阿根廷等地，生长在海岸礁岩或河谷边的树丛顶冠层上方。种名aeranthos——空中的花朵之意。英文名Carnations of the air——空中的康乃馨。长茎型的品种，茎不短缩，易自叶腋间增生侧芽，常见丛生状的外观。春季开花，花色以鲜红色苞片品种较常见。

培植技巧

适应性广，阳台、窗台的半日照环境或顶楼全日照环境都能适应。适合以吊挂方式栽培。三瓣深紫色花朵，壮硕的植株也能开出较大的花序。耐低温且喜好高湿环境，湿度不足时，叶片会干瘪卷曲，充分给水后会伸直。

小白毛（*Tillandsia argentea*）

植株形态

分布于古巴，为小型种。茎短缩不明显，银白色的线状或针状的叶，叶基部宽大，以放射状丛生于短缩茎上。花期自心部中心抽出细长的单穗状花序，苞片红、花色紫。

培植技巧

以通风良好的窗台举例，每天定时喷水即可。在强光环境下也能适应生长，但常因光照过强或湿度较低，导致叶端干枯。春季会开花，花后自植株近中心处增生侧芽，芽体较小时不易于拆芽，建议待小芽较为茁壮，株型较大一点时再进行拆芽的作业。

贝利艺（*Tillandsia baileyi*）

植株形态

分布于墨西哥、危地马拉及尼加拉瓜等地，生长在海拔850～1200米的地区。植株基部略膨大。台湾花市常称"贝利艺"，是以种名baileyi音译而来。

培植技巧

半日照以上的强光，有助叶色的维持。在低光度环境植株能适应生长，但叶色会渐渐转为较暗沉的灰色。贝利艺易成丛生状，通常单株在开花后，可以繁殖数量较多的侧芽。

贝姬（*Tillandsia hergeri*）

植株形态

长茎型的原种，外观与*Tillandsia aeranthos*（紫罗兰）相似。易自叶腋处增生侧芽，常见丛生状外观。台湾花市常称"贝姬"，是以种名bergeri音译而来。

培植技巧

经由冬天低温刺激后，贝姬于春季开花，花序与紫罗兰相似，但贝姬花序整体的外观、花色较为淡雅，紫罗兰的花色则较鲜艳。贝姬紫色花瓣略呈波浪状，于花期如春风中摇曳的淡紫色裙摆。

贝可利（*Tillandsia brachycaulos*）

植株形态

原产自中美洲一带，墨西哥、洪都拉斯及巴拿马等地。叶色翠绿，夏季开花时，会自心部抽出直立的花序，花期全株转为鲜艳的红色。

培植技巧

建议日照6小时以上的环境为佳，如光照不足，开花时变色不全，仅心部微红。日照充足时，花期心叶火红的色调更加饱和艳丽。夏季若无遮阴，叶片易遭夏日正午的阳光晒伤。缺水时植株软弱、叶片卷曲，应增加浇水频率。春、夏季易生根，可进行板植。盆植的株型会较大。

章鱼（*Tillandia bulbosa*）

植株形态

分布于中南美洲，如厄瓜多尔及巴西北部等地，生长在1300米以下的灌丛及树林中。原以"小蝴蝶"称呼本种，但近年因其具有章鱼般的外观，而改称为"章鱼"。种名bulbuosa形容其具有球茎状的外观。叶基部抱合形成壶状的外观。叶内略凹呈管状，以利水分的吸收。

培植技巧

章鱼适应性广，栽培容易，无论是强光或弱光、干燥或潮湿，章鱼皆能生存。但若要把章鱼植株栽培得又肥又壮，充足的日照和定时的浇水不可少。花期常见在春节前后，心叶会变色，樱桃色复穗状花序，开放着管状紫色花朵。

虎斑（*Tillandsia butzii*）

植株形态

分布于墨西哥南部及巴拿马等地，分布在海拔1000～2300米的山区。本品种因叶面上布有均匀的横带状不规则斑纹而得名。细长的管状叶片，叶鞘基部抱合形成壶状。常见于冬季开花，自中心抽出复穗状花序，苞片颜色较不鲜艳，但并不一定每年都开。

培植技巧

虎斑如栽植在半日照或光照较弱的场所，叶片较为柔软，株型外观呈摊开状。如光线充足或在强光下，叶序则包覆紧密，叶片姿态挺立有生气。虎斑较喜好潮湿环境，可以经常浇水，与章鱼及小绿毛可共同栽培一处。

卡比塔塔（*Tillandsia capitata*）

植株形态

卡比塔塔是个大家族，广布于美洲各地，如墨西哥、古巴、危地马拉、洪都拉斯和多米尼加等地，平地至海拔2500米的地方都可见到它的踪迹。本种具有各类形态及变种，中大型品种，若栽培得宜，株高及株径可达50厘米以上。花市中称它为"卡比塔塔"是以种名capitata音译而来。

培植技巧

适应力强，高温的夏季到寒冷的冬季都能生存。若光线不足，则叶片徒长、株型松散。干旱会导致叶片变薄及向内卷曲，外观虽然柔弱，但都能适应存活。花期时，心部抽高，花序上末端的叶片变色，不同品种的卡比塔塔在花期时也呈现不同叶色。

女王头（*Tillandsia caput-medusae*）

植株形态

分布于美洲海拔2400米以下的地区，为生性强健的品种。株高10~20厘米，也有长到35厘米的记录。花市俗名称为"女王头"，其名字与种名caput-medusae有关，原意为蛇魔女美杜莎之意，用以形容特殊的卷曲叶型。叶基部互相抱合，形成壶状的造型。

培植技巧

半日照以上的环境为佳。肥厚叶片中贮存大量水分，长时间不给水依然耐旱；缺水过度时，叶型更加卷曲。春季开花，常见未成株的女王头在花季依然能开花。心部抽出复穗状花序，苞片为鲜红色。以铝线吊挂常因根系无处附着，株型略显瘦长。板植或盆植为宜，让根系得以附着有助生长。

象牙、象牙玉坠子（*Tillandsia circinnatoides*）

植株形态

广泛分布于美洲的原种，常见生长在海拔600～1500米以下的地区。平均株高在15～18厘米之间，生长缓慢。花市中称为"象牙"或"象牙玉坠子"等名，极可能与植物朝向一方生长，状若象牙的外观有关。花期自心部抽出复穗状花序，半日照下花苞不鲜艳略呈绿色。

培植技巧

象牙叶肉较肥厚，耐强光。光线条件不佳的窗台也能适应，但株型较不美观。在光照充足的环境下，花色则鲜艳美观，且株型较为致三累实。花后增生侧芽数量不多，丛生株型需经多年栽植，建议以"有芽堪折直须折"的方式管理。侧芽够大可以早点分株，保持母本活力再诱生出更多的侧芽。

空可乐（*Tillandsia concolor*）

植株形态

"空可乐"的名称是由种名concolor音译而来，分布于墨西哥至萨尔瓦多等地，生长在海拔150～1200米的地区。茎短缩不明显，叶形呈狭长状的三角形，与*Tillandsia fasciculata*（费西）有点相似。株高约18厘米，株径亦可达30厘米左右，为中大型的原种。叶片有塑料的质感，质地较脆，叶末端处常因运送而折损。

培植技巧

对光线的适应性广，强光至阴暗处皆可栽培，生长的速度较慢。栽种在北部温度较低的地区叶片较稀疏，叶色呈深绿色；南部高温潮湿的地区常见空可乐叶片晒成黄绿色。性耐旱，但充足的水分及高湿环境有助于生长。

费西、费西古拉塔（*Tillandsia fasciculata*）

植株形态

产自美洲佛罗里达、加勒比海，中美洲及南美洲北部地区，常见生长在海拔1800米以下地区。茎短缩不明显，叶为狭长的三角形叶，质地坚硬易断裂，长30～70厘米。花序直立、大型，自中心处抽出，苞片浅橘色至翠绿色的穗状花序，十分壮观。花市以其种名音译，简称"费西屋"。

培植技巧

耐阴性，可在弱光的环境下栽植，是少数可于室内栽培的品种之一，但在栽于室内的时候要注意周围环境的通风性以及湿度。

小绿毛（*Tillandsia filifolia*）

植株形态

分布于墨西哥中部及哥斯达黎加等地，生于海拔100～1300米地区。外观虽与小白毛相似，但它们是截然不同的品种。针状或线状的叶，质地柔软纤细，叶色较绿，花期时自心部抽出复穗状花序，与小白毛单穗状花序不同。

培植技巧

栽培容易，性耐干旱、耐强光。雨季时可置于室外淋雨，易诱使发根。本种根系发达，盆植、上板两相宜。基部叶鞘可贮存大量水分，出远门前可充分浇灌，持续撑个1～2周不浇水也无大碍。花后易生大量侧芽，应待侧芽够大后，分株有利于芽体的生长。

烟火凤梨（*Tillandsia flabellata*）

植株形态

原产自墨西哥南部及危地马拉、洪都拉斯、尼加拉瓜、萨尔瓦多等地。花市中称为"烟火凤梨"，因其红色的复穗状花序，状如烟花绽放而得名。又分绿叶和红叶两种形态，绿叶型的生长速度较快；红叶型，全年叶呈红色。

培植技巧

除吊挂外，盆植也适宜。烟火凤梨的株型可以生长到非常巨大，植株越大时，复穗状花序的量越多，进入花期时就更为精彩可观。建议半日照栽培环境为佳，宜遮阴30%~50%不等；全日照下易发生叶烧。

哈里斯（*Tillandsia harrisii*）

植株形态

产自危地马拉特库卢坦（Teculutan）地区的河岸岩壁上。音译为哈里斯，原生地族群极为稀少，为华盛顿公约附录Ⅱ（CITESⅡ）保护品种。现在花市售卖的哈里斯多为人工繁殖而来。茎部明显短缩，叶片覆有大量银白色毛状体；花期时花序自心部抽出单穗状花序。

培植技巧

全株满布银白色毛状体，说明本种性喜高光照的环境。栽培管理容易，喜好高温、高湿、强光的环境，若环境及栽培得宜，株径可达30厘米以上。本种根系发达，宜板植或盆植。花期于春夏季间，但不一定每年开花，花后可产生侧芽，再以分株方式繁殖为主。

小精灵（*Tillandsia ionantha*）

小精灵是初植空气凤梨的最佳选择之一，栽培管理容易上手。能养好小精灵就说明对于空气凤梨栽植有了基本的了解和认识。

植株形态

原产于中南美洲至墨西哥等地。小型种常见着生于树木的分枝处，为空气凤梨中个体种类最多的一种，英文名称为Airplant。外观茎短缩不明显，以绿色狭长的三角形或线形叶片轮生于茎节上而组成。花期于心部开花，但不同品种间，花期叶片变色不同，如"全红小精灵"可全株变红。

培植技巧

小精灵家族很耐旱，适应性强，只要栽种环境及通风条件适宜，管理很容易。空气湿度60%～80%时适宜生长，一般太干时，叶片易卷曲。日照不足，则表面的银白色鳞毛会脱落，花期变色也不足。喷雾浇水的时候，应喷到叶表面湿透为宜。

危地马拉小精灵（*Tillandsia ionantha* Guatemala）

植株形态

危地马拉小精灵，其实是以品种名Guatemala音译而来，为小精灵家族成员之中，较原始的品种。外观上叶形较尖且细长，在高湿的季节易长根。

培植技巧

适合板植，可搭配木头、石头或贝壳等进行组盆。发根期间容易着生在物体上。喜好通风环境，较不宜盆植，可全日下栽培，夏季宜遮阴，可预防烧叶。

红精灵（*Tillandsiaionantha Rubra*）

植株形态

叶片较危地马拉小精灵宽厚一些，是花市常见的品种之一，常见养成群生、丛生状的，但单株养植株型又肥又大也很可观。

培植技巧

全红是株型及花期变色，非常讨喜也十分上镜头的品种。喜好高光照，可栽植于西晒阳台或光线更强环境下，光照充足时，开花株全株红透令人惊艳。

德鲁伊（*Tillandsiaionantha Druid*）

植株形态

"德鲁伊"以其品种名Durid音译而来，属小精灵中较特别的一种，多数小精灵于花期有叶片变红，并开出紫色花朵，但德鲁伊在秋季开花时，叶片变成鹅黄色，开出白色的筒状花。

培植技巧

与其他小精灵相较，德鲁伊无法接受强烈的日照，强光下叶片易因日灼导致干枯。栽植时需注意环境的光线，应较其他品种的光照少一些为宜。开花后增生的侧芽数量多，单株在一年后能产出7～8个侧芽，种植成丛生状并不困难。

火焰小精灵（*Tillandsiaionantha Tuego*）

培植技巧

适合吊挂栽植，能每年开花，开花后增生的侧芽数量也不少，但仍不及德鲁伊。吊挂栽培不需多年，也能成就出球状的丛生株。

植株形态

体型较一般的小精灵迷你，株型较为修长。到了开花季节，叶片就被渲染成血红色，让人惊艳！

大三色（*Tillandsia juncea*）

植株形态

原产于南美洲北部地区，如哥伦比亚、秘鲁、玻利维亚等地及巴西东部地区和中、北美洲等地，为大型的原种。成株叶长可超过30厘米，叶形演化成细长的针状或线状叶，有利于大三色在烈日下减少光线曝晒的面积，同时达到减少水分散失的目的。

培植技巧

喜好明亮光照及通风良好的环境，所以不适宜长期移入室内栽植。大三色的根系除具附着功能外，还具备吸收功能，如将大三色以保水性强的培养土种植，根系生长旺盛，株型变得异常巨大！但盆植的前提是需要通风的环境。

红三色（*Tillandsia juncefolia*）

植株形态

与大三色是很相近的原种，但叶表的鳞毛不像大三色那么浓密。秋冬季日夜温差较大时，叶末端会变成红色。开花后红三色以走茎的方式产生侧芽，与大三色在茎基部萌生侧芽的方式不同。

培植技巧

与大三色栽培方式相似，但栽培光照度较大三色弱一级。曾见过将红三色以塞到试管内的方式表现花艺铺陈的美感，虽然美得特别，但这样的手法，仅限于短时间的摆设，若长期栽培在不通风的试管中，微环境的空间毕竟还是太闷，种植的风险过高。

酷比（*Tillandsia kolbii*）

植株形态

原产于墨西哥南部及危地马拉等地。外观与小精灵相似，曾一度以*Tillandsia ionantha* var.scaposa标示。两者间的最大差异在花期时较为明显，酷比有明显花序，花序长且具有明显的苞片；小精灵花序及苞片皆不明显，可见紫罗兰色的花被。

培植技巧

喜好通风凉爽、高湿的环境，管理上较重水分，浇水的次数可频繁些。如水分较少时，叶片质地会较薄一些，重量也较轻。

大白毛（*Tillandsia magnusiana*）

植株形态

原产自墨西哥的西南部，以及萨尔瓦多、尼加拉瓜和洪都拉斯等地。银白色的外观，线状或针状叶，茎短缩不明显。4～5月陆续开花，进入花期时，植株心部会明显地膨大。

培植技巧

居家阳台、光线明亮环境处都适宜栽植。银白色的外观，常被误判为耐旱品种，但其实喜好高湿，浇水时应充分浇淋。

大天堂（*Tillandsia pseudo-baileyi*）

植株形态

原产于墨西哥、危地马拉、萨尔多瓦以及洪都拉斯等地。其外观与章鱼相似，管状叶片，质地比较坚硬，叶片颜色大多为橄榄绿，且叶片上具有条纹分布。叶片基部呈抱合的壶形外观，冬天开花时植株心部会抽出穗状的花序，花期比较长。

培植技巧

喜好高湿环境，浇水的次数可较频繁，于半日照及光线明亮处都适合栽培大天堂；光线充足至全日照环境下，叶色呈现美丽的紫红色。

多国花（*Tillandsia stricta*）

植株形态

原产于委内瑞拉、圭亚那、巴西、阿根廷等地区，常见分布于低海拔地区。由近线状叶片丛生而成的外观，因分布广泛、品种多样化，依叶片质地可分成硬叶型及软叶型两大类。花期于心部会抽出略弯曲的花序，白或粉红至红色的苞片，大而美观；小花紫色。花期秋至春季，冬季花期长达半个月左右。

培植技巧

生长速度较其他品种快，能够频繁浇水。气候适宜的环境中，阳台、窗边等半光照环境均适合栽培养殖。软叶型的多国花生长比较强势，开花之后再生侧芽的数量也比较多；硬叶型的多国花生长较为缓慢。开花后易形成丛生状态，建议适时以2~3株为一丛的方式分株，可以避免过度丛生，无法适应台湾夏季闷热的环境。

三色花（*Tillandsia tricolor*）

植株形态

原产于中南美洲，如哥斯达黎加、巴拿马、危地马拉、洪都拉斯等地。叶片光滑呈鲜绿色，叶基部为咖啡色。叶鞘结构与积水凤梨相似，于叶基处贮水以度过不良的生长环境。侧芽发生的方式较特别，自外围叶腋间长出走茎后，再生成侧芽。

培植技巧

雨季时易发生大量根系，以利板植。在冬天的低温期间，充足光照时叶片变红。夏季需遮阴，夏季全日照下，叶梢处易发生晒伤。春天开花，花苞未成熟时，勿移到低光处，否则会导致消蕾或无法顺利开花。花后剪除花梗，可促进侧芽发生。

松萝凤梨（*Tillandsia usneoides*）

植株形态

英文名Spanishmoss。广泛分布在于美国西南部及中、南美洲等地区，海拔3300米以下，常见生长在红树林、灌丛、热带雨林与雾林带等环境中。银白色植株会不断地分叉生长，呈现细丝状的外观，垂挂在树上最长可长至6米。因与菌藻类共生的松萝相似而得名。

培植技巧

植株可生长在光照明亮的环境中，喜好高湿，生长期间可以每日给水以利生长。但丛生垂挂的特性，不利于通风，过于大丛时，应适时梳理或分株，保持膨松的状态或分成小丛，可以避免中心处因闷热发生枯黄。

范伦铁诺（*Tillandsia velutina*）

植株形态

原产于危地马拉及墨西哥南部等地，常见生长在海拔1000米左右的山区。茎短缩不明显，橄榄色叶片上满布毛状体；绒布状的叶，质地较薄、软。花期心部叶片变色，产生膨大近球状的花序后开花；花色紫。

培植技巧

花市售卖的范伦铁诺多经由栽培场驯化过，于台湾环境栽培管理容易。好高湿，可以经常浇水。

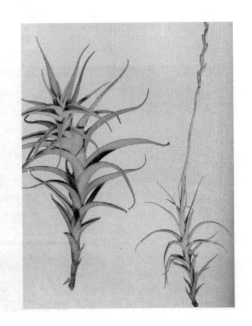

阿比达（*Tillandsia albida*）

植株形态

产自墨西哥海拔2200米以下干旱的环境中。为长茎型的品种，叶肉厚实、叶面与叶背布满细密的银白色毛状体，以防止强光晒伤和水分散失。在原生地常见生长在干旱的山崖边，与多肉植物及仙人掌为邻。

培植技巧

阿比达非常耐干旱，喜好炎热及丰富的光照，适合培植在顶楼或者西晒位置，环境如果适合则生长非常迅速。阿比达的花期不稳定，植株成熟之后顶茎上才会开花，花色是比较少见的乳黄色。成株形态较为特殊，体型不仅巨大且犹如狼牙棒。

红宝石（*Tillandsia andreana*）

植株形态

原产于哥伦比亚海拔500～1700米的地区。有"空气凤梨中的宝石"之美誉。株型近乎球形，黄绿色或嫩绿色的针状叶片轮生在短缩的茎上。花期时自心部开放鲜艳的橙红色花，十分美观。

培植技巧

外观与狐狸尾相似，栽培环境不需强烈的日照，以光线充足为佳。居家的窗台也可以栽培，喜爱水气充足的环境，生长期时要多给水，以利生长。新叶间若出现相互交叉状，表示植株已经缺水需适时补充。冬天低温寒流时，可移至避风处及减少浇水次数，使其度过低温期。

香槟（*Tillandsia chiapensis*）

植株形态

墨西哥的特有原种，种名以产地墨西哥Chiapas省而命名。台湾花市称为"香槟"，亦以种名音译而来。茎短缩不明显，乍看与哈里斯*T.harrisii*相似；叶黄绿色满布毛状体，株型较厚重饱满，质地具有皮革的质感。花期自心部抽出膨大肥壮的花序，玫瑰色的苞片，十分好看。就连花序上也布满毛状体。

培植技巧

本种适应性强，栽培容易，唯生长速度较慢，建议可以盆植方式栽培，盆植栽培因根系可以附着生长及基部较为保湿的环境，株型可较吊挂或附植栽培的更大一些。

树猴（*Tillandsia duratii*）

植株形态

原产于玻利维亚、巴拉圭及阿根廷等地，常见分布在海拔200～3500米干燥的地区，通常生长在林冠层上方。长茎型的原种，叶横切面呈三角形，末端呈现卷曲的形态，用以攀附生长及固定在灌丛枝条上。紫色花具香气。

培植技巧

在选购时应选购植株大的为宜，因植株越小生长速度越缓慢。喜好强光的环境，在野外的个体，株型异常巨大，茎直径可达4厘米左右。因此在弱光或光线较不足的环境下栽培，株型会较为苗条修长。水分充足叶片伸展；缺水时叶片卷曲。根系不发达，适合以吊挂或附植方式栽培。

喷泉（*Tillandsia exserta*）

植株形态

"喷泉"的线条优美，有如曼妙的舞者，叶片就像抛出的彩带，静止中又带着定格的律动，为墨西哥的特有种。茎略短缩，植株外观为黄绿色的单叶，轮生在茎节上组成；叶形窄而细长，有曲度状似喷泉而名。花期长达3个月，苞片粉红色至红色，开出紫罗兰色的花。

培植技巧

生性强健，喜好温暖的环境，若温度过低，需注意防寒保暖的措施。全日照环境下叶片较短，且光线充足时植株较易开花。常见居家半日照环境下栽培，虽然叶片较长一些，但株型优美，各具其趣。

狐狸尾巴（*Tillandsia funkiana*）

植株形态

该品种原产于委内瑞拉，常见分布于海岸的崖壁上。中小型、长茎型原种，线状或针状的叶片，轮状或丛生在茎节上，茎节易生侧芽，常见丛生状，下垂方式生长。花期于心部开放出橘红色的花朵。

培植技巧

喜好生长在温暖环境，夜温低于10℃，则需注意防寒及保暖措施。在台湾南部地区生长较快，北部则生长较为缓慢。建议以附植或吊挂方式栽培为宜。本种耐强光、干旱环境，直接日照有益于植株健康及侧芽的生长。栽培环境如过于阴凉或阴暗，下位叶易发生干枯现象。

薄纱（*Tillandsia gardneri*）

植株形态

原产于委内瑞拉、巴西及哥伦比亚等地，常见生长在海拔200～400米干燥的地区。另有var.*rupicola*的变种。叶质地轻薄、柔软，在阳光照耀下，薄如蝉翼的叶片具有丝绸般的光泽，下位叶就像欧洲贵族仕女的晚宴礼服。

培植技巧

喜好高湿、空气流通又光照充足的环境。栽培上具有一定的技巧，不宜露天栽培及淋雨，却又需要充足的日照，如光照不足或在弱光下栽植，叶表面的毛状体会脱落，叶色不佳。居家建议栽植在采光罩下最为适宜，但浇水时应每次给水以全株湿透为原则。

花中花（*Tillandsia intermedia*）

植株形态

为墨西哥特有种。叶色灰绿，叶片会卷曲，叶基部相互抱合成长筒状，独特之处在开花后，花序末端产生新芽（花梗芽），栽培多年后形成一长串的植物外观，因此，栽植花中花，于花期结束后不要急着将花剪掉。台湾花市别称为"花中花"，可能是以其特殊花梗芽产生的方式而命名。

培植技巧

喜好光线充足至明亮环境，于夏季栽培时全日照环境下应适当遮阴，避免晒伤。缺水时花中花的叶片会卷曲，水分充足、浇水频繁或露天栽培淋过雨后，叶片又会伸直。开花后除了花序末端产生花梗芽外，其实于基部同样也会产生新生的侧芽。

卤肉（*Tillandsia novakii*）

植株形态

为墨西哥的特有种，为中大型原种，具有特殊的栗色或红褐色的叶色，其叶色类似酱烧及卤味的色调，以卤肉为名十分贴切。不常开花，花期自心部抽出复穗状的花序，花序上会开放深紫色筒状花。

培植技巧

国外卤肉的订价不菲，在台湾花市售价却平易近人，主因卤肉适合台湾的气候环境，花市售卖的卤肉已多是台湾本地繁殖，半日照环境下即可生长良好。

欧沙卡娜（*Tillandsia oaxacana*）

植株形态

为墨西哥的特有品种。原生地常见分布在低海拔地区，好生长在橡树林或松林间。本种给人的第一印象就是乱。茎短缩不明显，略带曲度线状叶片，轮生或丛生在茎节上，叶形外观像晨起未经梳理的头发一样。与*T.velickiana*相似，但"欧沙卡娜"的花苞只有1个，名称是以种名音译而来。

培植技巧

栽培管理上需注意避免过度的闷热、潮湿，栽培温度以10～30℃为宜。雨季或季节交替时，需注意通风，不宜淋雨。建议栽植于采光罩下或半封闭式的阳台环境为宜。春季开花，花芽分化期间若日照不足很可能导致消苞。

粗糠（*Tillandsia paleacea*）

植株形态

原产于玻利维亚、秘鲁、哥伦比亚等地，为长茎型的原种，质地粗糙，表面覆盖浓密的黄白色茸毛，本种易丛生，但不易开花，紫色三瓣花与树猴类似，但无香气。

培植技巧

粗糠是极度耐晒、耐干、抗旱的品种，易分生侧芽，根系不发达。在诸多外文的网页上，均建议栽培本种。建议吊挂方式栽培，光照度不足时，下位叶易干枯。如果干枯的植株一直未吐出新叶则表示已适应环境了，建议应移至强光处栽培待其恢复。切莫以为干枯而大量灌水，那样只会加速死亡。

开罗斯（*Tillandsia cfueroensis*）

植株形态

原产于厄瓜多尔至秘鲁等地；为中大型的原种，长茎型，茎明显、不断向上生长的原种。茎部柔软，叶末端细长且略向下弯曲；不苞开花，花序呈粉红色。"开罗斯"是以其名queroensis音译而来。

培植技巧

生长快速，适应力很强，半日照环境下亦能生长健壮；光线明亮或只有间接光源的巷弄、天井处也能生长。

犀牛角（*Tillandsia seleriana*）

植株形态

产于墨西哥至萨尔瓦多、危地马拉等地，常生长于海拔约2400米地区的松林或橡木林中，原生环境常有雾气较为潮湿。茎短缩不明显，叶色灰绿，植株表皮毛状体明显，质地粗糙，圆锥形的叶基部抱合呈壶形，叶基抱合除有利于水分的吸收及贮水外，还有利于与虫媒——蚂蚁互利共生。开花时，抽出桃红色的花梗及苞片，花朵为紫色管状花。光照及湿度充足时，花苞及花朵的颜色会较饱满。

培植技巧

栽培环境需光线充足，至少要有半天的日照，建议种植时以盆植为宜，并稍斜摆，放置在"固定"的地方较有利于生长。成株后4～5月间开花，开出复穗状的花序。如担心蚂蚁寄居共生，可以用定期全株泡水的方式除蚁。

电卷烫（*Tillandsia streptophylla*）

植株形态

原产于墨西哥、危地马拉、牙买加及洪都拉斯等地。茎短缩不明显，叶基部会抱合呈壶形。Strepto有旋转之意；phylla为叶片的意思。台湾花市俗名"电卷烫、电烫卷"十分贴切。常见3～5月开花，为复穗状花序，苞片为粉红色，花期长。本品种放置于半日照的阳台上，每天浇水或是泡水，其叶片会变成直挺状态。

培植技巧

喜好光线充足的环境，但夏天应移至遮阴处，减少晒伤的概率。冬季寒流来时，则应移至背风处，减少寒害及冻伤的概率。水分充足时会加速生长，但叶片因伸展而减少卷曲的状态。水分不充足时，叶片卷曲有型。建议板植或盆植方式栽培为宜。

蓝色花（*Tillandsia tenuifolia*）

植株形态

广泛分布在南美洲及西印度群岛等地。因分布广泛之故，有许多的品种，但统称本种为"蓝色花"；另有*Amethyst*品种特称为"白花紫水晶"或"紫冰晶"等名。茎明显，易生侧芽，常见呈丛生状，于春季开花，在心部抽出粉红色苞片的长花序，花蓝紫色或白色。

培植技巧

生性强健，耐旱性佳，栽培时需要较多的日照。建议以板植或吊挂方式栽培为佳。植株可着生在树枝、树干或以垂挂栽植，大部分蓝色花都有着美艳的花序。

草皮（*Tillandsia tricholepis*）

植株形态

本种分布在玻利维亚、巴拉圭、阿根廷及巴西等地。虽为迷你型原种，株型极小，但茎明显不短缩。花色黄但不明显，能自花授粉产生果荚与种子。

培植技巧

性耐旱、好强光，耐得住烈日曝晒，但却无法生长在幽暗的环境，光线一旦不足会导致植株弱化，最终因生长不良而枯萎。

刺猬（*Tillandsia utriculata* ssp.pringlei）

植株形态

为*Tillandsia utriculata*的亚种。原种为大型种，英文俗名spreadingairplant。广泛分布于南美洲及中南美洲等地。变种的株型较小易生侧芽，像是无止境在长小芽的品种，俗称"刺猬"，来形容它不断增生侧芽，形成丛生状的外观。

培植技巧

栽培环境的光照条件，提供稍强的光照及充足的给水，养成圆球般的丛生状植株并不困难。本种形成大型的丛生也不易，因为侧芽成熟，而株型松散。建议以吊挂栽植为佳；丛生结构异常紧密扎实，如要拆芽或分株，常让人有无处下刀的感觉。

霸王凤、法官头（*Tillandsia xerographica*）

植株形态

原产于墨西哥、萨尔瓦多、危地马拉及洪都拉斯等地，分布在海拔140～600米、年雨量只有500～800毫米的干旱疏林中，常见生长在高处的枝干上。种名来自希腊文字，形容本种耐旱及飘逸的植株外观。

培植技巧

十分耐旱，基部叶鞘处可以贮水的方式，对抗干旱的不良环境。吊挂、盆植或附植皆宜，雨季时易长出大量的根系，可待雨季时进行板植或盆植的作业，以利根系的附着。花期多集中在冬季，强光下栽培，有利于抽花序。霸王凤属于大型的品系，叶长可达60厘米，在花艺设计和景观布置时，霸王凤是很好用的品种。

阿珠伊（*Tillandsia araujei*）

植株形态

该品种为巴西特有，因产自巴西东南部的圣保罗州一带，英文俗名以Sao Paulo Airplant称之。种名*araujei*是以其分布在The Arauje流域附近而命名，以种名音译"阿珠伊"。为长茎型的原种，叶片呈短胖略肉质化的针状或短刺状。易生侧芽，常见呈丛生状生长。

培植技巧

该品种生性强健，栽培上并不困难。长茎型的阿珠伊不适合盆植。建议以吊挂或板植栽培，板植可于雨季进行，雨季或湿度高的季节容易长出大量根群，有利根系攀附木头或其他物体。应定期清除枯黄的下位叶，可避免病虫害的发生。半日照下株型较狭长；全日照下则叶姿紧密，叶形较短。

参考文献

［1］梁群健，闫俊宇．空气凤梨轻松玩[M]．北京：中国航空工业出版社，2016．

［2］王伟．空气凤梨 无土也可养活的懒人植物[M]．哈尔滨：黑龙江科学技术出版社，2019．

［3］路遥，吴志坚，曹静，等．玩转空气凤梨[M]．南京：江苏凤凰科学技术出版社，2017．

［4］藤川史雄．园艺大师藤川史雄的100种空气凤梨栽培手记[M]．鑫瑞园艺工作室，译．北京：中国农业出版社，2020．

［5］余禄生，刘伟忠．空气凤梨初学者手册[M]．北京：中国农业出版社，2019．

［6］黄法余，梁琼超，黄箭，等．从进境凤梨科植物截获香蕉穿孔线虫[J]植物检疫，2002，16（5）：267．

［7］黄献胜，张穆舒．美妙迷人的仙人掌花卉[M]．北京：中国三峡出版社，1997．

［8］蔡虹，刘永刚．神奇的凤梨科植物——空气草[J]．中国花卉盆景，2003（9）：8—9．

［9］蔡虹，赵世伟，周斯建．凤梨[M]．北京：中国林业出版社，2004．

［10］金文驰．观赏凤梨的特殊结构与分类鉴定[J]．生物学通报，2005（6）：20．

［11］黎美华．我国凤梨品种资源及利用[J]．广东农业科学，1993（1）：20—23．

FULU

附　录

空气凤梨
作品鉴赏

创作者：陈佳云　拍摄者：卢苡璇

　　此为餐桌天花吊饰作品，以海中各种各样的章鱼为参考，将不同品种的空气凤梨、老人须等植物与海胆壳连接起来，通过鱼线将其悬挂起来。形成不同风格，各种姿态的创意作品。在人们用餐时，仿佛置身于大海，头顶飘着一群可爱的章鱼。

创作者：陈佳云　拍摄者：黄宇杰

　　此作品为桌面摆件，将现有的书立与空气凤梨结合，在书立的外立面上将空气凤梨种植上去。将不同品种的空气凤梨打造一个"桌面花境"。

创作者：陈佳云　拍摄者：卢苡璇

　　此作品为桌面摆件，将现有的台灯与空气凤梨结合，以环绕的形式将空气凤梨放置在灯罩上，独特的线灯罩与植物柔和台灯的亮度，给人一种家庭温馨。

创作者：陈佳云　拍摄者：黄宇杰

　　此作品为微景观摆件，在瓶中以白碎石为基础，放置苔藓，在枯木枝上放置空气凤梨，增添生机，用昆虫做点缀来增添活力。整个作品表达了一种在茫茫草原中的一个枯树，再次焕发出生机，以此来寓意不屈的精神。

创作者：陈佳云　拍摄者：黄宇杰

　　此作品为微景观摆件，在木质底座瓶中，以苔藓为基础，以枯木为主体，周围的空气凤梨代表着新生。整个作品表达了一种新生与死亡的交替，干枯与活力的衍生。

创作者：陈佳云

拍摄者：黄宇杰

　　此作品为墙面挂饰，用五角星和圆形来构成一套体系。五角星形状以空气凤梨和松果为主体，在每个交放置不同品种的空气凤梨。圆形以老人须和空气凤梨为主。

创作者：陈佳云　拍摄者：黄宇杰

　　此作品为枯山水摆件，以石为山，枯枝为数，中间白色碎石为河流，表达"山川河流，枯木逢春"的境意。

创作者：陈佳云　拍摄者：黄宇杰

　　此作品为枯山水摆件，以青石盆为底，枯木枝为主体，增加曲线，以枯枝为曲，植物为线。表达了"流觞曲水"的境意。

126

创作者：陈佳云　拍摄者：黄宇杰

　　此作品为枯山壁画，在画框中用枯木枝当做河流，底部作为河流源头，表达了一望无际的草原上，从山上流下的河流一往无前的向大海奔赴的境意。

创作者：陈佳云　拍摄者：黄宇杰

　　此作品为壁画作品，在画框中以石块代表山体，以植物代表树木，营造出一种山峦叠嶂，树木丛生的意境。

创作者：陈佯云 拍摄者：黄宇杰

　　此作品为壁画作品，底部蓝色线条代表大海，空气凤梨代表岛屿植物，彩色代表天空与彩虹，刻画了一幅大海中的岛屿，碧蓝的天空上悬挂着一道彩虹的意境。

创作者：陈佳云

拍摄者：黄宇杰

　　此作品为较大壁画作品，此作品为迎合圣诞节所创作，衬托出圣诞节的气氛，做圣诞树来表现圣诞节。

创作者:龙晓欣　摄影：梁茜

　　作品灵感主要来源于"枯木逢春"一词，主要想要利用空气凤梨作为该作品的主要植物，枯木为主架，细沙为水，石头为山，苔藓辅助植物进行创作，将空气凤梨与枯木结合，营造出一种枯木逢春山水图，从而展示了作品的特点，也突出强调了主题。

创作者:龙晓欣　摄影：梁茜

　　本作品主要以《生长》为主题，是一款中式的空气凤梨摆件。主要利用中式的框架以及不同品种的空气凤梨生长在枯木上进行创作，通过该作品表达了生长是无限的、永不停息的，要不断地学习、不断地进步才能更好的成长，才能发光发亮。

创作者:龙晓欣　摄影：梁茜

　　本作品以《花开》为主题，主要利用一些废弃的木材和一个相框，空气凤梨等进行加工创作，使得空气凤梨以新的形式展现出来，作品以一朵花的形状来展示，是花开的形态，形成一大朵花，底下生长的空气凤梨，是一种使劲生长的状态，展示了一种直到开花结果也永不停止的模样。

创作者:龙晓欣　摄影：卢苡璇

　　本次作品灵感主要来源于神州十三号载人飞船的成功发射。利用锡纸泡沫球制作成月球，利用大小不一、品种类型不一致的空气凤梨作为作品的主要绿植。整体作品主要表达了生命不息，奋斗不止，勇往直前，探索科学的思想。

创作者:龙晓欣　摄影：黄宇杰

　　本设计灵感主要来源于极光。希望通过这款悬挂式空气凤梨作品的设计，能够更好的呼吁人们致敬生命，崇尚自然，要对生活抱有希望，不畏困难、勇往直前。

创作者:龙晓欣　摄影：黄宇杰

　　本作品主要以架构为主，随着花艺的发展越来越体现插花也是架构的变现，通过利用木棍、圆形球等加工制作成一个架构，最后利用空气凤梨一植物进行作品的点睛，突出作品的鲜活感，生命状态。通过该作品表达了，空气凤梨的运用形式上不仅仅是传统的插花使用，也可以是加工产品的点睛材料，要学会发挥想象，敢于创作，敢于运用，才会呈现新的作品，要无畏于自己的想法，大胆动手。

作者:龙晓欣　摄影：黄宇杰

　　本次作品主要受东方花艺的影响，得以灵感，设计并创作此款具有东方式插花感觉的空气凤梨瓶插花。选择中式的花盆、薄竹片、混色线条空气凤梨，表达了对东方式花艺的继承与发展，同时，竹片又是正直、廉洁的代表，想借此来提醒人们要保持传统美德的以及呼吁人们要对传统文化、美德要不断继承，并在继承中不断创新发展。

创作者:龙晓欣　摄影：黄宇杰

　　本次作品主要运用传统的花瓶、枯木、线条的空气凤梨品种以及竹片、竹签加工制作而成，以《灵动》为主题，主要想通过利用线性的材料来表达一种动态，一种生气的状态，侧面表达作品不只是加工品，更是富有生命力、跳跃感的一种情感表达、思维表述。

作者:龙晓欣　梁茜　摄影:黄宇杰

　　设计灵感源于《借东西的小人阿莉埃蒂》里的场景，它给人一种自然、温柔、积极向上、阳光、充满生命力的感觉，其中的有很多场景主要以蓝天白云、绿草鲜花为背景，所以在设计该橱窗时，也借助了原有的蓝天白云背景加以创作并萌发了"春天"这一主题进行设计。以蓝天白云为背景，以模特为中景，以绿地石头空气凤梨等作为前景，使设计更具有层次感，从而打造出一种很放松的、很春天的场景。其中色彩为白色、绿色、蓝色为主调，中间夹杂着橘色、红色进行对比，突出场景的活动性，增添场景的动态，整个作品还有以珍珠、锡纸球为细节点缀，从而也增加了作品的细节、突出了生命萌生，春意盎然的自然景象。

创作者:龙晓欣　摄影：卢苡璇

　　本作品主题为《黑夜的星星》，主要利用原有的镜子进行加工改造，使镜子更具有艺术性，同时也提高了其观赏性。主要通过该作品表达了镜子不仅能使用，也能用来观赏、与植物相结合利用等。黑夜的星星，是光、是生命、是向上、是永远放弃的追求。

创作者:龙晓欣　摄影：卢苡璇

　　本作品主题为《宇宙》，主要灵感来源于浩瀚的宇宙，通过利用长条丝带、白色麻线、珍珠、空气凤梨等创造出一副空气凤梨宇宙星空图。同时，想通过本作品表达了对宇宙未知世界的探索，以及发出对浩瀚无垠的领域的求知欲，希望通过该作品呼吁更多的人走向外界，学会探索世界。

创作者：冯妃雅　摄影者：黄宇杰

　　该作品主要是将木与铁的两种元素相结合进行创作，传统的铁艺为黑金两色，充分体现了金属材料的线条现代感，堆搭的木桩渗透着古朴风格。空气凤梨释放生命的活力。

创作者：冯妃雅　摄影者：黄宇杰

　　该作品主要为餐厅展示橱窗而设计的，利用造型竹篮装放水果与面包点心，再加以空气凤梨点缀，使人感到到大自然的气息，增加食客的食欲。

创作者：冯妃雅　摄影者：黄宇杰

　　该作品以棕红色的小博古架为骨架，再每层配上不同造型的枯木和空气凤梨点缀，主要表现的是节节高的寓意。

创作者：冯妃雅

摄影者：黄宇杰

　　该作品取自古诗《清平乐·真主玉历成康》的"更羽鹤来仪凤凰"的典故，适用场所主要为茶室而设计的，表达的是向往美好生活的意愿。

创作者：冯妃雅

摄影者：黄宇杰

　　该作品名为一帘幽梦，以改造修饰庭院小门为目的的设计，赋予小清新为的风格，点缀生活的小浪漫。

创作者：冯妃雅　摄影者：黄宇杰

　　该作品是枯山水盆景创作，在传统的枯山水基础上融合入了空气凤梨的流线性，主题是宁静致远，

创作者：冯妃雅　摄影者：卢以旋

　　该作品是对挂钟的再创作，利用空气凤梨塑以孔雀型挂钟的孔雀尾屏，不仅美观，而空气凤梨的生长性更加表现出了时间的流动。

创作者：冯妃雅

摄影者：卢以旋

　　该作品是为茶室或禅室的小摆件创作，其灵感来源于"佛祖拈花,迦叶微笑"典故。表达了彼此间的默契、心神领会、心意相通、心心相印。

创作者：冯妃雅　摄影者：卢以旋

　　该作品是修饰墙体的壁画创作，名为《背影》，以古朴典雅为基调，突出少女背影的女性柔和的美。

创作者：冯妃雅

摄影者：卢以旋

　　该作品是挂饰创作，利用老人须垂挂于固定好的螺旋架上，展现出老人须的线性流动美，再配上柔和的灯光，营造出梦幻的浪漫美。

《乘风破浪》　作者：梁茜　摄影：龙晓欣

　　设计说明：作品整体造型形似扬帆起航的船只，用极具线条感的空气凤梨和稳重的枯木相结合，展示了船只乘着风势破浪前进。作品有着勇往直前、一帆风顺的寓意。

《韵》　作者：梁茜　摄影：黄宇杰

　　设计说明：线条优雅的空气凤梨和造型精巧的枯木组合成了极具韵味的摆件微景观，展现了古典文化的韵味。

《生长》

作者：梁茜

摄影：黄宇杰

设计说明：设计灵感来源于种子发芽，迎着阳光雨露不断向上生长的姿态。空气凤梨扎根在枯木之上，昂扬向上的生长着，给人以蓬勃的精神力量。

《凤》 作者：梁茜 摄影：龙晓欣

设计说明：作品灵感来源于《山海经·大荒西经》的"凤鸟"，造型似凤鸟垂眸，材料为枯木、空气凤梨、紫砂景盆、白细沙。凤飞九天似不舍凡尘，垂眸敛目，回首磐涅前。表达了"出行半生，归来仍是少年"的愿望。

《对望》　作者：梁茜　摄影：梁茜

设计说明：灵感来源于诗句"隔岸心相望，翻然洲鹊喜。"用空气凤梨、石头、枯木、苔藓和栎果壳等材料，作品体现了分隔两地思念恋人的情景。

《童话》　作者：梁茜　摄影：黄宇杰

设计说明：可爱的大蘑菇屋、藏在草丛里的兔子、卧着的羊、正在祈愿的小女孩和爬树上的小女孩一切都是那么的美好和谐，这就是一个童话世界。

《牛机》　作者：梁茜　摄影：梁茜

　　设计说明：绿色是生命的颜色，以插花的形式将空气凤梨和花瓶相结合，用不同种类的空气凤梨不同层次的绿来表现勃勃生机。

《开在岩石上的花》　　作者：梁茜　摄影：卢苡璇

　　设计说明：用材料枯木、栎果壳、树枝和空气凤梨进行壁画创作，枯木、栎果壳、树枝用来表现土壤贫瘠的山岩，空气凤梨扎根在山岩之上顽强生长，绽放一朵朵生命之花。表达了不畏艰难困苦勇敢拼搏的精神。

《圆满》 作者：梁茜 摄影：梁茜

　　设计说明："圆"是作品的表现形式，用了形状饱满的空气凤梨种类和莲蓬来进行搭配，来体现幸福美满的寓意。

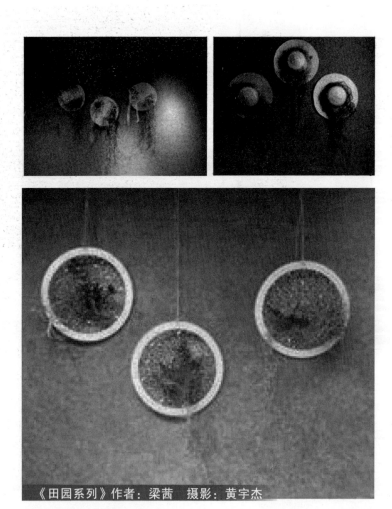

《田园系列》作者：梁茜　摄影：黄宇杰

　　设计说明：作品的主体材料是草帽、麦秆蒲团、竹圈，搭配丝带、蕾丝和空气凤梨来进行搭配设计，制作成田园小清新风格的挂饰。